ISBN 978-3-662-22822-7   ISBN 978-3-662-24755-6 (eBook)
DOI 10.1007/978-3-662-24755-6

**Die Veröffentlichungen
der
Österreichischen Akademie der Wissenschaften
Mathematisch-naturwissenschaftliche Klasse**
in Kommission bei Springer-Verlag, Wien
aus den Jahren 1938—1963

*Über Preise, Bezugsbedingungen, Inhalt usw. der Akademie-Veröffentlichungen 1847
bis 1938 gibt die Auslieferungsstelle der Österreichischen Akademie der Wissenschaften
Wien I, Mölkerbastei 5, Tel. 63 96 14 Serie, Auskunft*

Klimatographie von Österreich

Unter Mitarbeit mehrerer Fachkräfte

Herausgegeben und bearbeitet von

Univ.-Prof. Dr. **Ferdinand Steinhauser**   Dr. **Othmar Eckel**
Direktor der Zentralanstalt für Meteorologie   Vizedirektor der Zentralanstalt für Meteorologie
und Geodynamik in Wien   und Geodynamik in Wien

Univ.-Prof. Dr. **Friedrich Lauscher**
Leiter der Klimaabteilung der Zentralanstalt für Meteorologie und Geodynamik in Wien

Österreichische Akademie der Wissenschaften, Wien
Denkschriften der Gesamtakademie, Band 3

Mit zahlreichen Abbildungen und Tabellen im Text. Etwa 600 Seiten. 4°.

1. Lieferung: 26 Abbildungen, 88 Tabellen und 5 farbige Karten. 136 Seiten. 4°. 1958
S 180.—, DM 30.—, sfr. 30.70, $ 7.15, £2.11.0d.*

2. Lieferung: 75 Abbildungen, 127 Tabellen. 244 Seiten. 4°. 1960
S 180.—, DM 30.—, sfr. 30.70, $ 7.15, £2.11.0d.

Das Werk erscheint in vier aufeinanderfolgenden Lieferungen zum Subskriptionspreis von
S 180.—, DM 30.—, sfr. 30.70, $ 7.15, £2.11.0d.*) je Lieferung

*und wird Ende 1964 abgeschlossen sein. Der Subskriptionspreis für das Gesamtwerk,
gültig bis zum Erscheinen der letzten Lieferung, beträgt demnach*
S 720.—, DM 120.—, sfr. 122.80, $ 28.60, £10.4.0d.*)

*Nach Erscheinen der letzten Lieferung erhöht sich der Preis um 20%.
Der Bezug der ersten Lieferung verpflichtet zur Abnahme des Gesamtwerkes. Einzelne
Lieferungen werden nicht abgegeben*

Die Subskription kann durch jeden Buchhändler erfolgen

---

*) Die angegebenen Auslandspreise sind Richtpreise

I. Denkschriften

Die Denkschriften erscheinen in zwangloser Folge. Sie haben Quartformat und sind für Arbeiten bestimmt, die infolge ihres Umfanges oder durch die Art der Abbildungen ein größeres Druckformat notwendig erscheinen lassen.

	S	Richtpreise			
		DM	sfr.	$	£
(Die Abhandlungen sind auch einzeln erhältlich)					
104. Band. 4 Assoziationstabellen, 23 Textfig., 2 Tafeln. 3 Karten. 380 S. 4°. 1941. **Ebner, R.** XIX. Orthoptera C. (Gryllidae et Tettigoniidae). — **Prey, A.** Versuch eines astronomischen Nivellements ohne Netzausgleich. — **Srbik, R. v.** Die Margarita Philosophica des Gregor Reisch († 1525). Ein Beitrag zur Geschichte der Naturwissenschaften in Deutschland. — **Wagner, H.** Die Trockenrasengesellschaften am Alpenostrand. Eine pflanzensoziologische Studie. — **Zahlbruckner, A.** †. Lichenes Novae Zelandiae a Cl. H. H. Allan eiusque collaboratorius lecti.	252.—	42.—	43.—	*10.—*	3/11/6
105. Band. 1. Halbband. 25 Tafeln, 3 Karten. XX, 924 S. 4°. 1943. **Rechinger, K. H.** fil., unter Mitwirkung von **Frida Rechinger-Moser** und einigen Spezialisten. Flora Aegaea. (Flora der Inseln und Halbinseln des Ägäischen Meeres.)	450.—	*75.—*	76.30	*17.85*	6/7/6
2. Halbband. 1. Abteilung. 14 Textfig., 1 Karte. 184 S. 4°. 1943. **Rechinger, K. H.** fil. Neue Beiträge zur Flora von Kreta. (Ergebnisse der biologischen Forschungsreise nach dem Peloponnes und nach Kreta 1942, im Auftrage des Oberkommandos der Wehrmacht und des Reichsforschungsrates, Nr. 6.)	150.—	24.—	25.80	*6.—*	2/3/-
2. Halbband. 2. Abteilung. 32 Tabellen, 4 Karten. 208 S. 4°. 1951. **Rechinger, K. H.** fil., unter Mitarbeit von **Frida Rechinger-Moser.** Phytogeographia Aegaea.	330.—	*52.40*	56.30	*13.10*	4/13/6

	S	Richtpreise			
		DM	sfr.	$	£
106. Band. 1. Abhandlung. 103 Textfig. 95 S. 4°. 1942. **Ampferer, O.** Geologische Formenwelt und Baugeschichte des östlichen Karwendelgebirges.	66.—	*11.—*	11.30	*2.60*	-/18/6
2. Abhandlung. 4 Textfig., 11 Tafeln. 114 S. 4°. 1942. **Hochstetter, F.** Über die harte Hirnhaut und ihre Fortsätze bei den Säugetieren.	78.—	*13.—*	13.30	*3.10*	1/2/-
3. Abhandlung. 3 Textabb., 13 Tafeln. 85 S. 4°. 1943. **Hochstetter, F.** Beiträge zur Entwicklungsgeschichte der kraniozerebralen Topographie des Menschen.	72.—	*12.—*	12.30	*2.85*	1/-/6
4. Abhandlung. 27 S. 4°. 1944. **Schumann, R.** Über luni-solare Rhythmen bei der Menschwerdung.	37.80	*6.30*	6.40	*1.50*	-/10/6
5. Abhandlung. 6 Textfig., 8 Tab. 25 S. 4°. 1943. **Schumann, R.** Die Möglichkeit von Polhöhenschwankungen infolge von Gezeiten der festen Erdkruste.	54.—	*9.—*	9.20	*2.15*	-/15/6
6. Abhandlung. 14 Textfig., 6 Tafeln. 37 S. 4°. 1943. **Schweidler, E. v.** Schematische Gewitterfelder.	48.—	*8.—*	8.20	*1.90*	-/13/6
7. Abhandlung. 55 S. 4°. 1944. **Himpel, K.** Die novaähnlichen veränderlichen Sterne.	72.—	*12.—*	12.30	*2.85*	1/-/6
8. Abhandlung. 3 Tafeln. 7 S. 4°. 1946. **Klumak, R.** Über die wahre Bewegung der Sterne.	21.—	*3.50*	3.60	*—.85*	-/6/-
107. Band. 6 Textfig., 14 Tafeln, 11 Karten. 552 S. 4°. 1943. **Franz, H.,** mit Beiträgen von **E. Lindner** und **O. Wettstein** sowie unter Mitwirkung zahlreicher Spezialisten. Die Landtierwelt der mittleren Hohen Tauern. Ein Beitrag zur tiergeographischen und -soziologischen Erforschung der Alpen.	300.—	*50.—*	51.20	*11.90*	4/5/-

	S	Richtpreise			
		DM	sfr.	$	£
108. Band. 1. Abhandlung. 1 Textfig., 7 Tafeln. 50 S. 4°. 1948. **Hochstetter, F.** Entwicklungsgeschichte der Ohrmuschel und des äußeren Gehörganges des Menschen.	72.—	*12.—*	12.30	*2.85*	1/-/6
2. Abhandlung. 4 Tafeln. 27 S. 4°. 1948. **Hochstetter, F.** Über zwei Fälle von epithelialer Syngnathie bei menschlichen Keimlingen.	40.80	*6.80*	7.—	*1.60*	-/11/6
3. Abhandlung. 18 Textfig. 38 S. 4°. 1948. **Jardetzky, W.** Bewegungsmechanismus der Erdkruste.	27.—	*4.50*	4.60	*1.05*	-/7/6
4. Abhandlung. 82 S. 4°. 1949. **Janchen, E.** Die systematische Gliederung der Ranunculaceen und Berberidaceen.	63.—	*10.50*	10.70	*2.50*	-/18/-
5. Abhandlung. 16 Textbilder., 3 Tafeln. 180 S. 4°. 1950. **Wendelberger, G.** Zur Soziologie der kontinentalen Halophytenvegetation Mitteleuropas. Unter besonderer Berücksichtigung der Salzpflanzengesellschaften am Neusiedler See.	246.60	*41.10*	42.10	*9.80*	3/10/-
6. Abhandlung. 2 Textabb., 4 Tafeln. 35 S. 4°. 1951. **Hochstetter, F.** Über die Rückbildung der Ohröffnung und des äußeren Gehörganges bei der Blindschleiche (Anguis fragilis).	65.40	*10.90*	11.20	*2.60*	-/18/6
109. Band. 1. Abhandlung. 3 Tafeln. 32 S. 4°. 1951. **Ficker, H.** Die Zentralanstalt für Meteorologie und Geodynamik in Wien 1851 bis 1951.	34.50	*5.50*	5.90	*1.40*	-/10/-
2. Abhandlung. 4 Karten, 1 Lagerplan, 14 Profile, 21 Fig., 22 Bilder auf Tafeln. 59 S. 4°. 1952. **Schmidt, W. J.** Geologie des neuen Semmeringtunnel.	70.80	*11.80*	12.10	*2.80*	1/-/-
3. Abhandlung. 44 S. 4°. 1952. **Stigler, R.** Rassenphysiologische Ergebnisse meiner Forschungsreise in Uganda 1911/12.	80.40	*13.40*	13.70	*3.20*	1/3/-

	S	Richtpreise			
		DM	sfr.	$	£
4. Abhandlung. 6 Textbilder, 6 Tafeln. 35 S. 4°. 1952. **Hochstetter, F.** Über die Entwicklung der Form der menschlichen Gliedmaßen.	87.—	14.50	14.80	3.45	1/4/6
5. Abhandlung. 6 Tafeln, 5 Abb. im Text. 28 S. 4°. 1953. **Hochstetter, F.** Über die Entwicklung der Formverhältnisse des menschlichen Antlitzes.	49.—	8.20	8.40	1.95	-/14/-
6. Abhandlung. 3 Tafeln. 7 S. 4°. 1954. **Hochstetter, F.** Wann beginnt bei menschlichen Keimlingen die Absonderungstätigkeit der Nieren?	19.30	3.20	3.30	—.75	-/5/6
7. Abhandlung. 2 Tabellen, 8 Tafeln. 121 S. 4°. 1955. **Schmidt, W. J.** Die tertiären Würmer Österreichs.	189.50	31.60	32.40	7.50	2/14/-
110. Band. 1. Abhandlung. 1 Kartentafel, 1 Lichtbildtafel, 1 Profiltafel, 26 Abb. im Text, 1 Tabellenbeilage. VIII, 180 S. 4°. 1955. **Winkler von Hermaden, A.** Ergebnisse und Probleme der quartären Entwicklungsgeschichte am östlichen Alpensaum außerhalb der Vereisungsgebiete.	274.70	45.80	46.90	10.90	3/18/-
2. Abhandlung. 1 zweifarbige Übersichtskarte, 6 Detailkarten, 28 Textabb. III, 82 S. 4°. 1956. **Radovanović, M.** Rassenbildung bei den Eidechsen auf adriatischen Inseln.	128.40	21.40	21.90	5.10	1/16/6
3. Abhandlung. 34 Abb., 4 Tafeln. 68 S. 4°. 1959. **Spillmann F.,** Die Sirenen aus dem Oligozän des Linzer Beckens (Oberösterreich), mit Ausführungen über „Osteosklerose" und „Pachyostose".	170.—	28.30	29.—	6.75	2/8/-
4. Abhandlung. 5 Abb., 3 Tafeln. 56 S. 4°. 1963. **Paschinger, V.** Beziehungen zwischen einigen Formelementen und den Kleinschwankungen von Alpengletschern.	152.—	24.30	26.10	6.10	2/3/6

II. Sitzungsberichte

Abteilung I: Biologie, Mineralogie, Erdkunde und verwandte Wissenschaften

	S	Richtpreise			
		DM	sfr.	$	£
147. Band. Heft 1—10. 42 Textfig., 12 Tafeln. 228 S. 8°. 1938.	116.40	*19.40*	19.90	*4.60*	1/13/-
Heft 1—2. 28 Textfig. 69 S.	37.80	*6.50*	6.40	*1.50*	-/10/6
Heft 3—4. 2 Textfig., 9 Tafeln. 65 S.	33.60	*5.60*	5.70	*1.35*	-/9/6
Heft 5—10. 12 Textfig., 3 Tafeln. 94 S.	45.—	*7.50*	7.70	*1.80*	-/13/-
148. Band. Heft 1—10. 70 Textfig., 10 Tafeln, 1 geologische Skizze. 352 S. 8°. 1939.	156.—	*26.—*	26.60	*6.20*	2/4/6
Heft 1—2. 8 Textfig., 3 Tafeln, 1 geologische Skizze. 106 S.	44.40	*7.40*	7.60	*1.75*	-/12/6
Heft 3—4. 13 Textfig., 4 Tafeln. 88 S.	39.60	*6.60*	6.80	*1.55*	-/11/-
Heft 5—6. 27 Textfig. 74 S.	30.60	*5.10*	5.20	*1.20*	-/8/6
Heft 7—10. 22 Textfig., 3 Tafeln. 84 S.	41.40	*6.90*	7.10	*1.65*	-/11/6
149. Band. Heft 1—10. 59 Textfig., 5 Tafeln. 266 S. 8°. 1940.	120.—	*20.—*	20.50	*4.75*	1/14/-
Heft 1—2. 19 Textfig., 2 Tafeln. 94 S.	41.40	*6.90*	7.10	*1.65*	-/11/6
Heft 3—6. 28 Textfig., 2 Tafeln. 87 S.	45.—	*7.50*	7.70	*1.80*	-/13/-
Heft 7—10. 12 Textfig., 1 Tafel. 85 S.	33.60	*5.60*	5.70	*1.35*	-/9/6
150. Band. Heft 1—10. 71 Textfig., 2 Tafeln. 209 S. 8°. 1941.	99.—	*16.50*	16.90	*3.95*	1/8/-
Heft 1—2. 27 Textfig., 1 Tafel. 96 S.	48.—	*8.—*	8.20	*1.90*	-/13/6
Heft 3—6. 22 Textfig., 1 Tafel. 59 S.	26.40	*4.40*	4.50	*1.05*	-/7/6
Heft 7—10. 22 Textfig. 54 S.	24.60	*4.10*	4.20	*1.—*	-/7/-
151. Band. Heft 1—10. 43 Textfig., 4 Tafeln, 2 Textkarten. 114 S. 8°. 1942.	64.80	*10.80*	11.10	*2.55*	-/18/6
Heft 1—6. 43 Textfig. 78 S.	45.—	*7.50*	7.70	*1.80*	-/13/-
Heft 7—10. 4 Tafeln, 2 Textkarten. 36 S.	19.80	*3.30*	3.40	*—.80*	-/5/6
152. Band. Heft 1—10. 64 Textfig., 8 Tafeln. 273 S. 8°. 1943.	131.40	*21.90*	22.40	*5.20*	1/17/6
Heft 1—5. 46 Textfig. 127 S.	56.40	*9.40*	9.60	*2.25*	-/16/-
Heft 6—10. 18 Textfig., 8 Tafeln. 146 S.	75.—	*12.50*	12.80	*3.—*	1/1/6
153/154. Band. Heft 1—10. 36 Textfig., 2 Tafeln. 60 S. 8°. 1944.	45.—	*7.50*	7.70	*1.80*	-/13/-

	S	Richtpreise			
		DM	sfr.	$	£
155. Band. Heft 1—10. 93 Abb. 318 S. 8°. 1946.	192.—	*32.—*	32.80	*7.60*	2/14/6
Heft 1—2. 34 Abb. 62 S.	31.80	*5.30*	5.40	*1.25*	-/9/-
Heft 3—4. 31 Abb. 83 S.	45.—	*7.50*	7.70	*1.80*	-/13/-
Heft 5—7. 8 Abb. 86 S.	46.80	*7.80*	8.—	*1.85*	1/13/6
Heft 8—10. 20 Abb. 87 S.	69.—	*11.50*	11.80	*2.75*	-/19/6
156. Band. Heft 1—10. 119 Abb., 5 Tafeln, 1 Karte, 1 Beilage. 643 S. 8°. 1947.	481.80	*80.30*	82.20	*19.10*	6/16/6
Heft 1—2. 38 Abb., 1 Beilage. 152 S.	63.—	*10.50*	10.70	*2.50*	-/18/-
Heft 3—4. 9 Abb. 97 S.	109.80	*18.30*	18.70	*4.35*	1/11/-
Heft 5—6. 34 Abb., 5 Tafeln. 124 S.	114.—	*19.—*	19.50	*4.50*	1/12/6
Heft 7—8. 16 Abb., 1 Karte. 134 S.	96.—	*16.—*	16.40	*3.80*	1/7/-
Heft 9—10. 22 Abb. 136 S.	99.—	*16.50*	16.90	*3.95*	1/8/-
157. Band. Heft 1—10. 50 Abb., 5 Tafeln, 1 Karte. 282 S. 8°. 1948.	204.—	*34.—*	34.80	*8.10*	2/18/-
Heft 1—5. 5 Tafeln, 9 Abb. 128 S.	99.—	*16.50*	16.90	*3.95*	1/8/-
Heft 6—10. 1 Karte, 41 Abb. 154 S.	105.—	*17.50*	17.90	*4.15*	1/10/-
158. Band. Heft 1—10. 104 Abb., 3 Tafeln, 1 Karte, 1 Beilage. 798 S. 8°. 1949.	637.80	*106.30*	108.80	*25.30*	9/-/6
Heft 1—2. 1 Karte. 153 S.	124.80	*20.80*	21.30	*4.95*	1/15/6
Heft 3. 108 S.	84.—	*14.—*	14.30	*3.35*	1/4/-
Heft 4. 1 Tafel, 16 Abb. 74 S.	72.—	*12.—*	12.30	*2.85*	1/-/6
Heft 5. 1 Tafel, 7 Abb. 84 S.	51.—	*8.50*	8.70	*2.—*	-/14/6
Heft 6. 48 Abb. 111 S.	81.—	*13.50*	13.80	*3.20*	1/3/-
Heft 7—8. 7 Abb. 104 S.	90.—	*15.—*	15.40	*3.55*	1/5/6
Heft 9—10. 26 Abb., 1 Beilage, 1 Tafel. 164 S.	135.—	*22.50*	23.—	*5.35*	1/18/6
159. Band. Heft 1—10. 70 Abb., 4 Tafeln, 1 Tabelle, 1 Karte. 331 S. 8°. 1950.	330.—	*55.—*	56.30	*13.10*	4/13/6
Heft 1—5. 4 Tafeln, 1 Karte, 30 Abb. 141 S.	150.—	*25.—*	25.60	*5.95*	2/2/6
Heft 6—10. 1 Tabelle, 40 Abb. 190 S.	180.—	*30.—*	30.70	*7.15*	2/11/-
160. Band. Heft 1—10. 206 Abb., 18 Tafeln, 5 Beilagen. 865 S. 8°. 1951.	609.—	*101.50*	101.50	*24.15*	8/12/6
Heft 1—2. 51 Abb., 2 Beilagen. 176 S.	105.—	*17.50*	17.90	*4.15*	1/10/-
Heft 3—4. 37 Abb., 15 Tafeln. 171 S.	126.—	*21.—*	21.50	*5.—*	1/16/-
Heft 5. 68 Abb., 3 Tafeln. 132 S.	97.80	*16.30*	16.70	*3.90*	1/7/6
Heft 6—7. 16 Abb. 158 S.	102.—	*17.—*	17.40	*4.05*	1/9/-
Heft 8—9. 24 Abb., 3 Beilagen. 122 S.	102.—	*17.—*	17.40	*4.05*	1/9/-
Heft 10. 10 Abb. 106 S.	76.80	*12.80*	13.10	*3.05*	1/2/-

	S	Richtpreise			
		DM	sfr.	$	£
161. Band. Heft 1—10. 179 Abb., 24 Tafeln, 8 Skizzen, 1 Situationsskizze, 9 Profile, 1 Tektonische Karte, 1 Kartenbeilage, 1 Kartenskizze. 862 S. 8°. 1952.	615.—	*102.50*	102.60	*24.40*	8/14/6
Heft 1. 4 Abb., 8 Skizzen, 1 Situationsskizze, 3 Tafeln. 78 S.	48.—	*8.—*	8.20	*1.90*	-/13/6
Heft 2—3. 20 Abb., 1 Kartenskizze, 8 Tafeln. 119 S.	78.—	*13.—*	13.30	*3.10*	1/2/-
Heft 4—5. 24 Abb. 130 S.	93.60	*15.60*	16.—	*3.70*	1/6/6
Heft 6. 6 Abb., 1 Tafel, 1 Tektonische Karte, 9 Profile. 80 S.	72.—	*12.—*	12.30	*2.85*	1/-/6
Heft 7. 13 Abb. 5 Taf. 108 S.	65.40	*10.90*	11.20	*2.60*	-/18/6
Heft 8. 79 Abb. 7 Tafeln. 128 S.	96.—	*16.—*	16.40	*3.80*	1/7/-
Heft 9—10. 33 Abb. 1 Kartenbeilage. 219 S.	162.—	*27.—*	27.60	*6.45*	2/6/-
162. Band. Heft 1—10. 208 Abb., 36 Tafeln, davon 1 farbig, 3 Tabellen, 1 Profil, 2 Karten. 829 S. 8°. 1953.	496.70	*82.70*	84.70	*19.70*	7/1/-
Heft 1—2. 27 Abb., 3 Tab., 9 Tafeln. 104 S.	60.60	*10.10*	10.30	*2.40*	-/17/-
Heft 3. 22 Abb., 8 Tafeln. 111 S.	68.50	*11.40*	11.70	*2.70*	-/19/6
Heft 4. 7 Abb., 4 Tafeln, 1 Profil. 87 S.	45.80	*7.60*	7.80	*1.80*	-/13/-
Heft 5. 8 Abb., 7 Tafeln. 143 S.	84.20	*14.—*	14.30	*3.35*	1/4/-
Heft 6. 83 Abb. 95 S.	46.80	*7.80*	8.—	*1.85*	-/13/6
Heft 7—8. 61 Abb. 106 S.	68.80	*11.50*	11.80	*2.75*	-/19/6
Heft 9—10. 2 Karten, 1 farbige und 7 schwarze Tafeln. 183 S.	122.—	*20.30*	20.80	*4.85*	1/14/6
163. Band. Heft 1—10. 243 Abb., 19 Tafeln, 1 Tabelle, 1 Kartenskizze, 1 Karte, 1 Pollendiagramm, 1 elektronenoptische Aufnahme, 15 Diagramme, 5 Beilagen. 719 S. 8°. 1954.	483.80	*80.70*	82.50	*19.25*	6/18/-
Heft 1—2. 34 Abb., 1 Kartenskizze, 8 Tafeln. 87 S.	61.—	*10.20*	10.40	*2.45*	-/17/6
Heft 3. 47 Abb., 1 Tafel. 134 S.	85.70	*14.30*	14.60	*3.40*	1/4/6
Heft 4—5. 46 Abb., 5 Tafeln, 1 Karte, 1 Pollendiagramm. 177 S.	119.40	*19.90*	20.40	*4.75*	1/14/-
Heft 6—7. 21 Abb., 3 Tafeln, 1 Tab., 1 elektronenoptische Aufnahme. 139 S.	85.60	*14.30*	14.60	*3.40*	1/4/6
Heft 8. 74 Abb., 2 Tafeln. 79 S.	45.10	*7.50*	7.70	*1.80*	-/13/-
Heft 9—10. 21 Abb., 15 Diagramme, 5 Beilagen. 103 S.	87.—	*14.50*	14.80	*3.45*	1/4/6

	S	Richtpreise			
		DM	sfr.	$	£
164. Band. Heft 1—10. 275 Abb. im Text und auf 7 Tafeln, 41 Tafeln, 1 Farbtafel, 3 Beilagen, 1 Blockstereogramm. 939 S. 8°. 1955.	687.—	*114.60*	117.30	*27.25*	9/15/-
Heft 1—2. 14 Abb., 7 Tafeln. 107 S.	70.60	*11.80*	12.10	*2.80*	1/-/-
Heft 3. 15 Abb., 5 Tafeln, 1 Blockstereogramm. 84 S.	62.80	*10.50*	10.70	*2.50*	-/18/-
Heft 4—5. 16 Abb., 11 Tafeln. 81 S.	78.30	*13.—*	13.30	*3.10*	1/2/-
Heft 6—7. 8 Abb., 11 Tafeln, 1 Farbtafel, 2 Beilagen. 142 S.	106.—	*17.70*	18.10	*4.20*	1/10/-
Heft 8. 120 Abb. im Text und auf 4 Tafeln. 188 S.	123.30	*20.60*	21.10	*4.90*	1/15/-
Heft 9. 79 Abb. im Text und auf 3 Tafeln. 176 S.	119.20	*19.90*	20.40	*4.75*	1/14/-
Heft 10. 23 Abb., 7 Tafeln, 1 Beilage. 161 S.	126.80	*21.10*	21.60	*5.—*	1/16/-
165. Band. Heft 1—10. 292 Abb. im Text und auf Tafeln, 10 Tafeln, 3 Beilagen. 781 S. 8°. 1956.	620.50	*103.40*	105.90	*24.60*	8/15/6
Heft 1. 9 Abb. 92 S.	69.40	*11.60*	11.90	*2.75*	-/19/6
Heft 2—3. 48 Abb., 1 Tafel. 187 S.	151.40	*25.20*	25.80	*6.—*	2/3/-
Heft 4—5. 67 Abb. im Text und auf 2 Tafeln, 2 Beilagen. 193 S.	116.50	*19.40*	19.90	*4.60*	1/13/-
Heft 6—8. 161 Abb. im Text und auf Tafeln. 144 S.	136.30	*22.70*	23.20	*5.40*	1/18/6
Heft 9—10. 7 Abb., 9 Tafeln, 1 Beilage. 165 S.	146.90	*24.50*	25.10	*5.85*	2/1/6
166. Band. Heft 1—10. 97 Abb., 35 Tafeln, 2 Tab., 4 Beilagen. 491 S. 8°. 1957.	458.60	*76.60*	78.30	*18.20*	6/10/6
Heft 1. 6 Abb., 5 Tafeln, 3 Beilagen. 63 S.	59.30	*9.90*	10.10	*2.35*	-/17/-
Heft 2. 3 Tafeln. 59 S.	52.—	*8.70*	8.90	*2.05*	-/15/-
Heft 3—4. 4 Abb., 15 Tafeln, 2 Tab. 91 S.	102.50	*17.10*	17.50	*4.05*	1/9/-
Heft 5—6. 56 Abb., 4 Tafeln. 91 S.	79.—	*13.20*	13.50	*3.15*	1/2/6
Heft 7—8. 13 Abb., 5 Tafeln. 87 S.	77.80	*13.—*	13.30	*3.10*	1/2/-
Heft 9—10. 18 Abb., 3 Tafeln, 1 Beilage. 100 S.	.88.—	*14.70*	15.—	*3.50*	1/5/-
167. Band. Heft 1—10. 83 Abb., 24 Tafeln, 2 Beilagen, 1 Karte. 579 S. 8°. 1958.	518.40	*86.50*	88.60	*20.60*	7/7/-
Heft 1—2. 34 Abb., 1 Beilage. 118 S.	96.—	*16.—*	16.40	*3.80*	1/7/-
Heft 3—4. 14 Abb., 6 Tafeln, 1 Beilage. 117 S.	103.90	*17.30*	17.70	*4.10*	1/9/6
Heft 5. 8 Abb. 83 S.	70.—	*11.70*	12.—	*2.80*	1/-/-
Heft 6—8. 1 Abb. 112 S.	86.40	*14.40*	14.70	*3.45*	1/4/6
Heft 9. 17 Abb., 7 Tafeln. 85 S.	67.50	*11.30*	11.60	*2.70*	-/19/-
Heft 10. 9 Abb., 11 Tafeln, 1 Karte. 64 S.	94.60	*15.80*	16.20	*3.75*	1/7/-

	S	Richtpreise			
		DM	sfr.	$	£
168. Band. Heft 1—10. 220 Abb., davon 1 auf einer Beilage, 32 Tafeln und 2 Ausschlagtafeln, 9 Tabellen. 986 S. 8°. 1959.	917.30	*153.—*	156.50	*36.45*	12/19/6
Heft 1. 14 Abb., 2 Tafeln. 93 S.	81.70	*13.60*	13.90	*3.25*	1/3/-
Heft 2. 88 S.	87.10	*14.50*	14.80	*3.45*	1/4/6
Heft 3. 121 S.	89.—	*14.80*	15.20	*3.50*	1/5/-
Heft 4—5. 36 Abb., 6 Tafeln und 2 Ausschlagtafeln. 148 S.	148.60	*24.80*	25.40	*5.90*	2/2/-
Heft 6. 53 Abb., 2 Tafeln. 87 S.	83.70	*14.—*	14.30	*3.35*	1/4/-
Heft 7. 77 Abb., 5 Tafeln. 120 S.	113.10	*18.90*	19.30	*4.50*	1/12/-
Heft 8—9. 18 Abb., davon 1 auf einer Beilage, 9 Tafeln. 222 S.	201.50	*33.60*	34.40	*8.—*	2/17/-
Heft 10. 22 Abb., 9 Tab., 8 Tafeln. 107 S.	112.60	*18.80*	19.20	*4.50*	1/12/-
169. Band. Heft 1—10. 93 Abb., davon 5 Abb. auf 1 Tafel, 1 Tabelleneinlage, 19 Tafeln. 433 S. 8°. 1960.	429.—	*69.10*	73.50	*17.10*	6/2/6
Heft 1—3. 15 Abb., 9 Tafeln. 100 S.	103.—	*17.20*	17.60	*4.10*	1/9/6
Heft 4—5. 22 Abb. 98 S.	88.—	*14.—*	15.10	*3.50*	1/5/-
Heft 6. 29 Abb., davon 2 Abb. auf einer Tafel. 69 S.	77.—	*12.20*	13.10	*3.05*	1/2/-
Heft 7—8. 8 Abb., 10 Tafeln und 1 Tabelleneinlage. 113 S.	113.—	*18.—*	19.40	*4.50*	1/12/-
Heft 9—10. 19 Abb., davon 3 Abb. auf 1 Tafel. 53 S.	48.—	*7.70*	8.30	*1.95*	-/14/-
170. Band. Heft 1—10. 130 Abb., 27 Tafeln, 1 Beilage. 380 S. 8°. 1960.	479.—	*75.90*	81.70	*19.—*	6/15/6
Heft 1—2. 2 Abb., 2 Tafeln. 88 S.	88.—	*14.—*	15.10	*3.50*	1/5/-
Heft 3—4. 38 Abb., 10 Tafeln. 114 S.	133.—	*21.—*	22.60	*5.25*	1/17/6
Heft 5—6. 8 Abb., 13 Tafeln. 75 S.	106.—	*16.80*	18.10	*4.20*	1/10/-
Heft 7—10. 82 Abb., 2 Tafeln, 1 Beilage. 103 S.	152.—	*24.10*	25.90	*6.05*	2/3/-
171. Band. Heft 1—10. 39 Abb. und 8 Abb. auf 3 Tafeln, 5 Tafeln mit je 2 Lichtbildern in Schwarzdruck und 3 Tafeln in Farbdruck, 13 Tafeln, 1 Kartenskizze. 411 S. 8°. 1962.	635.—	*101.—*	108.60	*25.25*	9/-/6
Heft 1—2. 1 Abb. und 8 Abb. auf 3 Tafeln. 78 S.	93.—	*14.80*	15.90	*3.70*	1/6/6
Heft 3—5. 5 Abb., 5 Tafeln mit je 2 Lichtbildern in Schwarzdruck und 3 Tafeln in Farbdruck. 124 S.	220.—	*35.—*	37.60	*8.75*	3/2/6
Heft 6—7. 1 Kartenskizze, 2 Abb., 4 Tafeln. 56 S.	55.—	*8.80*	9.50	*2.20*	-/15/6
Heft 8—10. 31 Abb., 9 Tafeln. 153 S.	267.—	*42.40*	45.60	*10.60*	3/16/-

II. Sitzungsberichte

Abteilung II: (Abt. IIa): Mathematik, Astronomie, Physik, Meteorologie und Technik

	S	Richtpreise			
		DM	sfr.	$	£
147. Band. Heft 1—10. 116 Textfig., 3 Tafeln, 524 S. 8°. 1938.	237.60	*39.60*	40.50	*9.45*	3/7/6
Heft 1—2. 25 Textfig. 87 S.	39.—	*6.50*	6.70	*1.55*	-/11/-
Heft 3—4. 25 Textfig., 2 Tafeln. 107 S.	58.80	*9.80*	10.—	*2.35*	-/16/6
Heft 5—6. 24 Textfig. 95 S.	42.—	*7.—*	7.20	*1.65*	-/12/-
Heft 7—8. 30 Textfig. 107 S.	48.60	*8.10*	8.30	*1.95*	-/14/-
Heft 9—10. 12 Textfig., 1 Tafel. 128 S.	49.80	*8.30*	8.50	*2.—*	-/14/-
148. Band. Heft 1—10. 86 Textfig. 366 S. 8°. 1939.	173.40	*28.90*	29.60	*6.90*	2/9/-
Heft 1—2. 35 Textfig. 105 S.	60.—	*10.—*	10.20	*2.40*	-/17/-
Heft 3—4. 21 Textfig. 129 S.	55.80	*9.30*	9.50	*2.20*	-/16/-
Heft 5—6. 20 Textfig. 59 S.	28.20	*4.70*	4.80	*1.10*	-/8/-
Heft 7—10. 10 Textfig. 73 S.	30.—	*5.—*	5.10	*1.20*	-/8/6
149. Band. Heft 1—10. 71 Textfig. 467 S. 8°. 1940.	183.60	*30.60*	31.30	*7.30*	2/12/-
Heft 1—2. 6 Textfig. 115 S.	42.—	*7.—*	7.20	*1.65*	-/12/-
Heft 3—4. 19 Textfig. 114 S.	48.60	*8.10*	8.30	*1.95*	-/14/-
Heft 5—6. 35 Textfig. 111 S.	45.—	*7.50*	7.70	*1.80*	-/13/-
Heft 7—8. 9 Textfig. 56 S.	22.80	*3.80*	3.90	*—.90*	-/6/6
Heft 9—10. 2 Textfig. 71 S.	25.80	*4.30*	4.40	*1.—*	-/7/6
150. Band. Heft 1—10. 42 Textfig. 346 S. 8°. 1941.	134.40	*22.40*	22.90	*5.35*	1/18/-
Heft 1—4. 9 Textfig. 130 S.	48.60	*8.10*	8.30	*1.95*	-/14/-
Heft 5—8. 18 Textfig. 89 S.	37.80	*6.30*	6.40	*1.50*	-/10/6
Heft 9—10. 15 Textfig. 127 S.	48.—	*8.—*	8.20	*1.90*	-/13/6
151. Band. Heft 1—10. 74 Textfig. 334 S. 8°. 1942.	137.40	*22.90*	23.40	*5.45*	1/19/-
Heft 1—3. 3 Textfig. 80 S.	30.—	*5.—*	5.10	*1.20*	-/8/6
Heft 4—6. 25 Textfig. 88 S.	37.80	*6.30*	6.40	*1.50*	-/10/6
Heft 7—8. 23 Textfig. 86 S.	35.40	*5.90*	6.—	*1.40*	-/10/-
Heft 9—10. 23 Textfig. 80 S.	34.80	*5.80*	5.90	*1.40*	-/10/-
152. Band. Heft 1—10. 37 Textfig. 190 S. 8°. 1943.	99.60	*16.60*	17.—	*3.95*	1/8/6
Heft 1—5. 17 Textfig. 101 S.	52.80	*8.80*	9.—	*2.10*	-/15/-
Heft 6—10. 20 Textfig. 89 S.	47.40	*7.90*	8.10	*1.90*	-/13/6
153. Band. Heft 1—10. 25 Textfig. 92 S. 8°. 1944.	54.—	*9.—*	9.20	*2.15*	-/15/6
154. Band. Heft 1—10. 18 Abb. 69 S. 8°. 1945.	47.40	*7.90*	8.10	*1.90*	-/13/6

II. Sitzungsberichte, Abt. II: (Abt. IIa):	S	Richtpreise			
		DM	sfr.	$	£
155. Band. Heft 1—10. 72 Abb., 2 Textfig., 9 Zahlentafeln, 2 Tafeln. 424 S. 8°. 1946.	316.80	*52.80*	54.10	*12.55*	4/10/-
Heft 1—2. 6 Abb., 9 Zahlentafeln. 61 S.	39.—	*6.50*	6.70	*1.55*	1/11/-
Heft 3—4. 2 Textfig. 40 S.	30.—	*5.—*	5.10	*1.20*	-/8/6
Heft 5—6. 37 Abb. 72 S.	40.80	*6.80*	7.—	*1.60*	-/11/6
Heft 7—8. 8 Abb., 1 Tafel. 150 S.	117.—	*19.50*	20.—	*4.65*	1/13/-
Heft 9—10. 21 Abb., 1 Tafel. 101 S.	90.—	*15.—*	15.40	*3.55*	1/5/6
156. Band. Heft 1—10. 68 Abb., 2 Tafeln, 1 Porträt, 1 Übersichtskarte. 648 S. 8°. 1948.	531.—	*88.50*	90.60	*21.05*	7/10/6
Heft 1—2. 11 Abb., 1 Tafel. 92 S.	81.—	*13.50*	13.80	*3.20*	1/3/-
Heft 3—4. 20 Abb., 1 Porträt. 110 S.	99.—	*16.50*	16.90	*3.95*	1/8/-
Heft 5—6. 15 Abb. 132 S.	114.—	*19.—*	19.50	*4.50*	1/12/6
Heft 7—8. 13 Abb., 1 Übersichtskarte. 133 S.	105.—	*17.50*	17.90	*4.15*	1/10/-
Heft 9—10. 9 Abb., 1 Tafel. 181 S.	132.—	*22.—*	22.50	*5.25*	1/17/6
157. Band. Heft 1—10. 44 Abb., 5 Tafeln. 389 S. 8°. 1949.	360.—	*60.—*	61.40	*14.30*	5/2/-
Heft 1—5. 27 Abb., 5 Tafeln. 142 S.	150.—	*25.—*	25.60	*5.95*	2/2/6
Heft 6—10. 17 Abb. 247 S.	210.—	*35.—*	35.80	*8.35*	2/19/6
158. Band. Heft 1—10. 43 Abb., 6 Tafeln. 325 S. 8°. 1950.	297.—	*49.50*	50.70	*11.80*	4/4/6
Heft 1—5. 22 Abb., 3 Tafeln. 168 S.	141.—	*23.50*	24.10	*5.60*	2/-/-
Heft 6—10. 21 Abb., 3 Tafeln. 157 S.	156.—	*26.—*	26.60	*6.20*	2/4/6
159. Band. Heft 1—10. 70 Abb. 412 S. 8°. 1950.	439.20	*73.20*	74.90	*17.45*	6/4/6
Heft 1—2. 57 S.	31.20	*5.20*	5.30	*1.25*	-/9/-
Heft 3—6. 40 Abb. 129 S.	138.—	*23.—*	23.50	*5.50*	1/19/-
Heft 7—8. 6 Abb. 74 S.	90.—	*15.—*	15.40	*3.55*	1/5/6
Heft 9—10. 24 Abb. 152 S.	180.—	*30.—*	30.70	*7.15*	2/11/-
160. Band. Heft 1—10. 65 Abb. 290 S. 8°. 1951.	201.—	*33.50*	34.30	*8.—*	2/17/-
Heft 1—5. 27 Abb. 128 S.	79.80	*13.30*	13.60	*3.15*	1/2/6
Heft 6—10. 38 Abb. 162 S.	121.20	*20.20*	20.70	*4.80*	1/14/6
161. Band. Heft 1—10. 63 Abb. 458 S. 8°. 1952.	303.60	*50.60*	51.80	*12.05*	4/6/-
Heft 1—3. 14 Abb. 87 S.	73.80	*12.30*	12.60	*2.95*	1/1/-
Heft 4—6. 23 Abb. 173 S.	71.40	*11.90*	12.20	*2.85*	1/-/6
Heft 7—8. 23 Abb. 89 S.	98.40	*16.40*	16.80	*3.90*	1/8/-
Heft 9—10. 3 Abb. 109 S.	60.—	*10.—*	10.20	*2.40*	-/17/-

II. Sitzungsberichte, Abt. II: (Abt. IIa):	S	Richtpreise			
		DM	sfr.	$	£
162. Band. Heft 1—10. 138 Abb. 493 S. 8°. 1953.	350.80	*58.40*	59.70	*13.90*	5/-/-
Heft 1—4. 29 Abb. 156 S.	108.80	*18.10*	18.50	*4.30*	1/11/-
Heft 5—7. 65 Abb. 170 S.	105.—	*17.50*	17.90	*4.15*	1/10/-
Heft 8—10. 44 Abb. 167 S.	137.—	*22.80*	23.30	*5.45*	1/19/-
163. Band. Heft 1—10. 23 Abb. 334 S. 8°. 1954.	270.10	*45.—*	46.10	*10.75*	3/17/-
Heft 1—4. 11 Abb. 121 S.	89.50	*14.90*	15.30	*3.55*	1/5/6
Heft 5—7. 5 Abb. 91 S.	71.60	*11.90*	12.20	*2.85*	1/-/6
Heft 8—10. 7 Abb. 122 S.	109.—	*18.20*	18.60	*4.35*	1/11/-
164. Band. Heft 1—10. 78 Abb. 530 S. 8°. 1955.	465.10	*77.60*	79.40	*18.50*	6/12/6
Heft 1—4. 14 Abb. 142 S.	129.60	*21.60*	22.10	*5.15*	1/17/-
Heft 5—7. 41 Abb. 180 S.	154.50	*25.80*	26.40	*6.15*	2/4/-
Heft 8—10. 23 Abb. 208 S.	181.—	*30.20*	30.90	*7.20*	2/11/6
165. Band. Heft 1—10. 81 Abb., 7 Diagramme. 417 S. 8°. 1956.	305.60	*51.—*	52.20	*12.15*	4/6/6
Heft 1—4. 18 Abb. 167 S.	113.—	*18.80*	19.20	*4.50*	1/12/-
Heft 5—7. 41 Abb. 143 S.	102.30	*17.10*	17.50	*4.05*	1/9/-
Heft 8—10. 22 Abb., 7 Diagramme. 107 S.	90.30	*15.10*	15.50	*3.60*	1/5/6
166. Band. Heft 1—10. 52 Abb., 3 Tafeln. 243 S. 8°. 1957.	247.50	*41.30*	42.30	*9.80*	3/10/-
Heft 1—5. 3 Abb. 76 S.	79.50	*13.30*	13.60	*3.15*	1/2/6
Heft 6—10. 49 Abb., 3 Tafeln. 167 S.	168.—	*28.—*	28.70	*6.65*	2/7/6
167. Band. Heft 1—10. 53 Abb., 1 Falttafel. 367 S. 8°. 1958.	371.40	*60.80*	63.30	*14.75*	5/5/-
Heft 1—4. 3 Abb. 142 S.	136.40	*22.70*	23.20	*5.40*	1/18/6
Heft 5—7. 4 Abb. 85 S.	99.—	*16.50*	16.90	*3.95*	1/8/-
Heft 8—10. 46 Abb., 1 Falttafel. 140 S.	136.—	*21.60*	23.20	*5.40*	1/18/6
168. Band. Heft 1—10. 23 Abb., 13 Tafeln, 1 Ausschlagtafel. 272 S. 8°. 1959.	281.20	*46.80*	47.90	*11.20*	4/-/-
Heft 1—4. 2 Abb., 13 Tafeln. 122 S.	122.—	*20.30*	20.80	*4.85*	1/14/6
Heft 5—8. 7 Abb., 1 Ausschlagtafel. 108 S.	110.40	*18.40*	18.80	*4.40*	1/11/6
Heft 9—10. 14 Abb. 42 S.	48.80	*8.10*	8.30	*1.95*	-/14/-
169. Band. Heft 1—10. 13 Abb. 249 S. 8°. 1960.	258.—	*41.—*	44.10	*10.30*	3/13/-
Heft 1—4. 8 Abb. 118 S.	125.—	*19.90*	21.40	*5.—*	1/15/6
Heft 5—10. 5 Abb. 131 S.	133.—	*21.10*	22.70	*5.30*	1/17/6

II. Sitzungsberichte, Abt. II: (Abt. IIa):	S	Richtpreise			
		DM	sfr.	$	£
170. Band. Heft 1—10. 60 Abb. 317 S. 8°. 1961.	412.—	*65.40*	70.30	*16.35*	5/17/-
Heft 1—4. 12 Abb. 103 S.	160.—	*25.40*	27.30	*6.35*	2/5/6
Heft 5—7. 18 Abb. 101 S.	122.—	*19.40*	20.90	*4.85*	1/14/6
Heft 8—10. 30 Abb. 113 S.	130.—	*20.60*	22.10	*5.15*	1/17/-
171. Band.					
Heft 1—4. 23 Abb., 22 Tafeln. 92 S.	160.—	*25.40*	27.30	*6.35*	2/5/6
Heft 5—8. 32 Abb. 104 S.	150.—	*23.80*	25.60	*5.95*	2/2/6

II. Sitzungsberichte

Abteilung IIb: Chemie

	S	Richtpreise			
		DM	sfr.	$	£
147. Band. Heft 1—10. 52 Textfig. 378 S. 8°. 1938.	181.80	*30.30*	31.—	*7.20*	2/11/6
Heft 1. 18 Textfig. 76 S.	36.—	*6.—*	6.10	*1.45*	1/10/-
Heft 2. 19 Textfig. 64 S.	30.—	*5.—*	5.10	*1.20*	-/8/6
Heft 3. 6 Textfig. 78 S.	37.80	*6.30*	6.40	*1.50*	-/10/6
Heft 4. 1 Textfig. 70 S.	33.60	*5.60*	5.70	*1.35*	-/9/6
Heft 5—10. 8 Textfig. 90 S.	45.—	*7.50*	7.70	*1.80*	-/13/-
148. Band. Heft 1—10. 15 Textfig. 185 S. 8°. 1939.	89.40	*14.90*	15.30	*3.55*	1/5/6
Heft 1. 2 Textfig. 70 S.	33.—	*5.50*	5.60	*1.30*	-/9/6
Heft 2. 2 Textfig. 59 S.	28.20	*4.70*	4.80	*1.10*	-/8/-
Heft 3—10. 11 Textfig. 56 S.	28.80	*4.80*	4.90	*1.15*	-/8/-
149. Band. Heft 1—10. 7 Textfig. 174 S. 8°. 1940.	83.40	*13.90*	14.20	*3.30*	1/3/6
Heft 1. 5 Textfig. 58 S.	27.—	*4.50*	4.60	*1.05*	-/7/6
Heft 2. 44 S.	21.—	*3.50*	3.60	—*.85*	-/6/-
Heft 3—10. 2 Textfig. 72 S.	36.—	*6.—*	6.10	*1.45*	-/10/-
150. Band. Heft 1—10. 12 Textfig. 140 S. 8°. 1941.	66.60	*11.10*	11.40	*2.65*	-/19/-
Heft 1. 7 Textfig. 74 S.	34.80	*5.80*	5.90	*1.40*	-/10/-
Heft 2—10. 5 Textfig. 66 S.	31.80	*5.30*	5.40	*1.25*	-/9/-
151. Band. Heft 1—10. 8 Textfig. 122 S. 8°. 1942.	61.20	*10.20*	10.40	*2.45*	-/17/6
Heft 1. 5 Textfig. 68 S.	31.80	*5.30*	5.40	*1.25*	-/9/-
Heft 2—10. 3 Textfig. 54 S.	29.40	*4.90*	5.—	*1.15*	-/8/6
152. Band. Heft 1—10. 15 Textfig. 155 S. 8°. 1943.	74.40	*12.40*	12.70	*2.95*	1/1/-
Heft 1. 5 Textfig. 52 S.	24.—	*4.—*	4.10	—*.95*	-/7/-
Heft 2—5. 8 Textfig. 52 S.	24.—	*4.—*	4.10	—*.95*	-/7/-
Heft 6—10. 2 Textfig. 51 S.	26.40	*4.40*	4.50	*1.05*	-/7/6
153. Band. Heft 1—5. 3 Textfig. 56 S. 8°. 1944.	31.80	*5.30*	5.40	*1.25*	-/9/-
Heft 6—10 ist nicht erschienen.					
154. Band ist nicht erschienen.					
155. Band. Heft 1—10. 61 Textfig. 233 S. 8°. 1946.	87.—	*14.50*	14.80	*3.45*	1/4/6
156. Band. Heft 1—10. (Fest- und Gedächtnisband Ernst Späth.) 113 Abb., 1 Porträt. 430 S. 8°. 1947.	204.—	*34.—*	34.80	*8.10*	2/18/-

II. Sitzungsberichte, Abt. IIb: Chemie	S	Richtpreise			
		DM	sfr.	$	£
157. Band. Heft 1—10. 190 Abb. 1056 S. 8°. 1948.	661.80	*110.30*	112.90	*26.25*	9/7/6
Heft 1—2. 24 Abb. 176 S.	117.—	*19.50*	20.—	*4.65*	1/13/-
Heft 3—4. 41 Abb. 120 S.	81.—	*13.50*	13.80	*3.20*	1/3/-
Heft 5. 8 Abb. 88 S.	54.—	*9.—*	9.20	*2.15*	-/15/6
Heft 6. 9 Abb. 123 S.	87.—	*14.50*	14.80	*3.45*	1/4/6
Heft 7. 6 Abb. 98 S.	60.—	*10.—*	10.20	*2.40*	-/17/-
Heft 8. 29 Abb. 144 S.	90.—	*15.—*	15.40	*3.55*	1/5/6
Heft 9. 20 Abb. 115 S.	69.—	*11.50*	11.80	*2.75*	-/19/6
Heft 10. 53 Abb. 192 S.	103.80	*17.30*	17.70	*4.10*	1/9/6
158. Band. Heft 1—10. 129 Abb. 878 S. 8°. 1949.	490.80	*81.80*	83.70	*19.50*	6/19/6
Heft 1. 25 Abb. 152 S.	81.—	*13.50*	13.80	*3.20*	1/3/-
Heft 2. 9 Abb. 164 S.	85.80	*14.30*	14.60	*3.40*	1/4/6
Heft 3—4. 19 Abb. 124 S.	72.—	*12.—*	12.30	*2.85*	1/-/6
Heft 5—6. 19 Abb. 144 S.	85.80	*14.30*	14.60	*3.40*	1/4/6
Heft 7—8. 33 Abb. 156 S.	85.80	*14.30*	14.60	*3.40*	1/4/6
Heft 9—10. 24 Abb. 138 S.	81.—	*13.50*	13.80	*3.20*	1/3/-
159. Band. Heft 1—10. 204 Abb. 1162 S. 8°. 1950.	717.—	*119.50*	122.40	*28.45*	10/3/-
Heft 1—2. 66 Abb. 279 S.	147.—	*24.50*	25.10	*5.85*	2/1/6
Heft 3—4. 22 Abb. 182 S.	111.—	*18.50*	18.90	*4.40*	1/11/6
Heft 5. 41 Abb. 156 S.	102.—	*17.—*	17.40	*4.05*	1/9/-
Heft 6—7. 24 Abb. 168 S.	108.—	*18.—*	18.40	*4.30*	1/10/6
Heft 8. 35 Abb. 167 S.	117.—	*19.50*	20.—	*4.65*	1/13/-
Heft 9—10. 16 Abb. 210 S.	132.—	*22.—*	22.50	*5.25*	1/17/6
160. Band. Heft 1—10. 232 Abb. 1124 S. 8°. 1951.	999.—	*166.50*	170.50	*39.65*	14/3/-
Heft 1—2. 38 Abb. 188 S.	120.—	*20.—*	20.50	*4.75*	1/14/-
Heft 3—4. 26 Abb. 208 S.	174.—	*29.—*	29.70	*6.90*	2/9/6
Heft 5. 45 Abb. 177 S.	168.—	*28.—*	28.70	*6.65*	2/7/6
Heft 6. 43 Abb. 185 S.	177.—	*29.50*	30.20	*7.—*	2/10/-
Heft 7—8. 25 Abb. 187 S.	174.—	*29.—*	29.70	*6.90*	2/9/6
Heft 9—10. 55 Abb. 179 S.	186.—	*31.—*	31.70	*7.40*	2/13/-
161. Band. Heft 1—10. 313 Abb., 2 Tafeln. 1503 S. 8°. 1952.	1455.—	*242.50*	248.30	*57.70*	20/13/-
Heft 1—2. 40 Abb. 258 S.	237.—	*39.50*	40.40	*9.40*	3/7/-
Heft 3—4. 50 Abb. 290 S.	276.—	*46.—*	47.10	*10.95*	3/18/6
Heft 5. 65 Abb., 2 Tafeln. 291 S.	282.—	*47.—*	48.10	*11.20*	4/-/-
Heft 6—7. 48 Abb. 262 S.	252.—	*42.—*	43.—	*10.—*	3/11/6
Heft 8—9. 85 Abb. 188 S.	192.—	*32.—*	32.80	*7.60*	2/14/6
Heft 10. 25 Abb. 214 S.	216.—	*36.—*	36.90	*8.55*	3/1/6

II. Sitzungsberichte, Abt. II b: Chemie	S	Richtpreise			
		DM	sfr.	$	£
162. Band. Heft 1—10. 249 Abb. 1247 S. 8°. 1953.	947.—	*157.90*	161.70	*37.65*	13/9/-
Heft 1—2. 38 Abb. 218 S.	142.—	*23.70*	24.30	*5.65*	2/-/6
Heft 3—4. 49 Abb. 206 S.	147.—	*24.50*	25.10	*5.85*	2/1/6
Heft 5—6. 26 Abb. 230 S.	166.—	*27.70*	28.40	*6.60*	2/7/-
Heft 7. 38 Abb. 174 S.	134.—	*22.30*	22.80	*5.30*	1/18/-
Heft 8. 38 Abb. 242 S.	186.—	*31.—*	31.70	*7.40*	2/13/-
Heft 9—10. 60 Abb. 177 S.	172.—	*28.70*	29.40	*6.85*	2/9/-
Ab Band 163 = „Monatshefte für Chemie" (siehe Seite 18).					

Monatshefte für Chemie

und verwandte Teile anderer Wissenschaften. Im Auftrag der Österreichischen Akademie der Wissenschaften (mathematisch-naturwissenschaftliche Klasse) und des Vereins Österreichischer Chemiker herausgegeben von E. Hayek, O. Kratky, H. Nowotny, H. Tuppy und F. Wessely. Schriftleitung: F. Kuffner.

Preise auf Anfrage

85. Band. Heft 1—6. 358 Abb. 1319 S. Gr.-8°. 1954.
Heft 1. 86 Abb. 306 S.
Heft 2. 45 Abb. 160 S.
Heft 3. 84 Abb. 264 S.
Heft 4. 78 Abb. 284 S.
Heft 5. 43 Abb. 176 S.
Heft 6. 22 Abb. 129 S.

86. Band. Heft 1—6. 256 Abb. 1037 S. Gr.-8°. 1955.
Heft 1. 37 Abb. 192 S.
Heft 2. 24 Abb. 136 S.
Heft 3. 52 Abb. 222 S.
Heft 4. 49 Abb. 130 S.
Heft 5. 65 Abb. 198 S.
Heft 6. 29 Abb. 159 S.

87. Band. Heft 1—6. 169 Abb. 797 S. Gr.-8°. 1956.
Heft 1. 44 Abb. 248 S.
Heft 2. 25 Abb. 126 S.
Heft 3. 42 Abb. 116 S.
Heft 4. 13 Abb. 104 S.
Heft 5. 34 Abb. 75 S.
Heft 6. 11 Abb. 128 S.

88. Band. Heft 1—6. 196 Abb. 1117 S. Gr.-8°. 1957.
Heft 1. 39 Abb. 168 S.
Heft 2. 26 Abb. 106 S.
Heft 3. 37 Abb. 146 S.
Heft 4. 32 Abb. 293 S.
Heft 5. 45 Abb. 292 S.
Heft 6. 17 Abb. 112 S.

89. Band. Heft 1—6. 125 Abb. 829 S. Gr.-8°. 1958.
Heft 1. 14 Abb. 174 S.
Heft 2. 23 Abb. 148 S.
Heft 3. 5 Abb. 136 S.
Heft 4—5. 33 Abb. 170 S.
Heft 6. 50 Abb. 201 S.

90. Band. Heft 1—6. 159 Abb. 930 S. Gr.-8°. 1959.
Heft 1. 21 Abb. 120 S.
Heft 2. 40 Abb. 176 S.
Heft 3. 24 Abb. 146 S.
Heft 4. 26 Abb. 148 S.
Heft 5. 39 Abb. 180 S.
Heft 6. 9 Abb. 160 S.

91. Band. Heft 1—6. 273 Abb. 1197 S. Gr.-8°. 1960.
Heft 1. 31 Abb. 203 S.
Heft 2. 37 Abb. 158 S.
Heft 3. 62 Abb. 219 S.
Heft 4. 52 Abb. 158 S.
Heft 5. 72 Abb. 260 S.
Heft 6. 19 Abb. 199 S.

92. Band. Heft 1—6. 333 Abb. 1309 S. Gr.-8°. 1961.
Heft 1. 39 Abb. 202 S.
Heft 2. 93 Abb. 296 S.
Heft 3. 87 Abb. 310 S.
Heft 4. 41 Abb. 138 S.
Heft 5. 38 Abb. 162 S.
Heft 6. 35 Abb. 201 S.

93. Band. Heft 1—6. 338 Abb. 1453 S. Gr.-8°. 1962.
Heft 1. 58 Abb. 326 S.
Heft 2. 100 Abb. 239 S.
Heft 3. 27 Abb. 177 S.
Heft 4. 40 Abb. 222 S.
Heft 5. 63 Abb. 271 S.
Heft 6. 50 Abb. 218 S.

94. Band. 1963.
Heft 1. 92 Abb. 338 S.
Heft 2. 20 Abb. 167 S.
Heft 3. 36 Abb. 139 S.
Heft 4. 33 Abb. 152 S.
Heft 5. 54 Abb. 189 S.

III. Anzeiger

Der Anzeiger enthält:
1. Nachrichten über die in den Sitzungen der mathematisch-naturwissenschaftlichen Klasse verhandelten Gegenstände.
2. Wissenschaftliche Untersuchungen geringeren Umfanges.
3. Wissenschaftliche Mitteilungen, deren schnelle Veröffentlichung erwünscht ist.
4. Anzeigen oder Auszüge von eingereichten Arbeiten, die im vollen Umfang in den Sitzungsberichten oder Denkschriften der mathematisch-naturwissenschaftlichen Klasse erscheinen.
5. Naturwissenschaftliche Vorträge, die in allgemeinen oder Klassensitzungen gehalten wurden.
6. Beobachtungen der Zentralanstalt für Meteorologie und Geodynamik in Wien.

	S	Richtpreise			
		DM	sfr.	$	£
75. Jahrgang, 1938. Nr. 1—23. VIII, 137 S.	33.60	*5.60*	5.70	*1.35*	-/9/6
76. Jahrgang, 1939. Nr. 1—19. VII, 184 S.	33.60	*5.60*	5.70	*1.35*	-/9/6
77. Jahrgang, 1940. Nr. 1—15. V, 112 S.	20.40	*3.40*	3.50	*—.80*	-/6/-
78. Jahrgang, 1941. Nr. 1—14. V, 111 S.	20.40	*3.40*	3.50	*—.80*	-/6/-
79. Jahrgang, 1942. Nr. 1—12. IV, 69 S.	13.80	*2.30*	2.40	*—.55*	-/4/-
80. Jahrgang, 1943. Nr. 1—12. IV, 65 S.	13.80	*2.30*	2.40	*—.55*	-/4/-
81. Jahrgang, 1944. Nr. 1—8. IV, 38 S.	13.80	*2.30*	2.40	*—.55*	-/4/-
82. Jahrgang, 1945. Nr. 1—9. III, 39 S.	13.80	*2.30*	2.40	*—.55*	-/4/-
Beilage zum Anzeiger, 82. Jahrgang, 1945, „Beobachtungen an der Zentralanstalt für Meteorologie und Geodynamik für die Monate Januar 1941 bis Dezember 1945".	29.40	*4.90*	5.—	*1.15*	-/8/6
83. Jahrgang, 1946. Nr. 1—14. 3 Abb. VII, 181 S.	55.80	*9.30*	9.50	*2.20*	-/16/-
84. Jahrgang, 1947. Nr. 1—15. 7 Abb. VI, 141 S.	51.60	*8.60*	8.80	*2.05*	-/14/6
85. Jahrgang, 1948. Nr. 1—15. 5 Abb. VIII, 258 S.	87.—	*14.50*	14.80	*3.45*	1/4/6
86. Jahrgang, 1949. Nr. 1—15. 16 Abb., 3 Tab. VIII, 308 S.	102.—	*17.—*	17.40	*4.05*	1/9/-
87. Jahrgang, 1950. Nr. 1—15. 28 Abb. IX, 360 S.	121.80	*20.30*	20.80	*4.85*	1/14/6
88. Jahrgang, 1951. Nr. 1—15. 21 Abb. X, 392 S.	165.—	*27.50*	28.20	*6.55*	2/7/-
89. Jahrgang, 1952. Nr. 1—15. 25 Abb., 32 Tab. X, 266 S.	159.—	*26.50*	27.10	*6.30*	2/5/-
90. Jahrgang, 1953. Nr. 1—15. 13 Abb., 19 Tab. 292 S.	139.40	*23.20*	23.80	*5.50*	1/19/6
91. Jahrgang, 1954. Nr. 1—15. 3 Abb., 6 Fig., 14 Tab. 217 S.	115.20	*19.20*	19.70	*4.55*	1/12/6

	S	Richtpreise			
		DM	sfr.	$	£
92. Jahrgang, 1955. Nr. 1—15. 22 Abb. 290 S.	155.50	*25.90*	26.50	*6.15*	2/4/-
93. Jahrgang, 1956. Nr. 1—15. 6 Abb. 196 S.	108.10	*18.—*	18.40	*4.30*	1/10/6
94. Jahrgang, 1957. Nr. 1—15. 4 Abb. 344 S.	204.90	*34.20*	35.—	*8.15*	2/18/-
95. Jahrgang, 1958. Nr. 1—15.					
12 Abb., 16 Tafeln, 29 Tab. 193 S.	116.50	*19.80*	20.20	*4.95*	1/14/-
96. Jahrgang, 1959. Nr. 1—15.					
38 Abb., 7 Tafeln, 42 Tab., 1 Karte. 281 S.	176.10	*29.30*	30.10	*7.—*	2/9/6
97. Jahrgang, 1960. Nr. 1—14.					
35 Abb., 11 Tafeln, 39 Tab., 5 Karten. 297 S.	194.—	*32.—*	32.90	*7.90*	2/14/-
98. Jahrgang, 1961. Nr. 1—14.					
49 Abb., 4 Tafeln, 27 Tab. 248 S.	207.80	*33.20*	35.50	*8.45*	3/7/6
99. Jahrgang, 1962. Nr. 1—15.					
13 Abb., 31 Tafeln, 21 Tab., 1 Karte. 267 S.	208.20	*33.20*	35.90	*8.55*	3/-/6
100. Jahrgang, 1963. Nr. 1. 2 Tafeln. 12 S.	7.60	*1.20*	1.30	*—.30*	-/2/-
Nr. 2. 3 Tab., 2 Abb. 19 S.	14.—	*2.30*	2.50	*—.60*	-/4/-
Nr. 3. 4 Abb., 4 Tafeln, 1 Skizze. 16 S.	14.—	*2.30*	2.50	*—.60*	-/4/-
Nr. 4. 10 Tafeln. 20 S.	19.—	*3.—*	3.20	*—.75*	-/5/6
Nr. 5. 9 S.	7.—	*1.10*	1.20	*—.30*	-/2/-
Nr. 6. 4 S.	3.—	*—.50*	—.50	*—.15*	-/1/-

Mitteilungen der Erdbeben-Kommission

Titel	S	Richtpreise			
		DM	sfr.	$	£
Neue Folge — Nr. 65. (Nr. 64 erschien im Jahre 1926.) **Toperczer, M.,** Wien, und **E. Trapp,** Wien. Ein Beitrag zur Erdbebengeographie Österreichs nebst Erdbebenkatalog 1904 bis 1948 und Chronik der Starkbeben. 3 Karten. 59 S. 8°. 1950.	16.20	*2.70*	2.80	—.65	-/4/6
Neue Folge — Nr. 66. **Mitka, V.** Das Puchbergbeben 1939 nebst einer Übersicht und einem Literaturverzeichnis. 7 Abb. 23 S. 8°. 1951.	20.60	*4.10*	4.20	*1.—*	-/7/-
Neue Folge — Nr. 67. **Trapp, E.** Die Erdbeben Österreichs 1949 bis 1960. Ergänzung und Fortführung des österreichischen Erdbebenkataloges. 3 Tab., 1 Karte. 23 S. 8°. 1961.	28.—	*4.50*	4.80	*1.15*	-/8/-

Catalogus Faunae Austriae

Ein systematisches Verzeichnis aller auf österreichischem Gebiet festgestellten Tierarten. In Einzeldarstellungen herausgegeben von der Österreichischen Akademie der Wissenschaften unter Mitarbeit von Fachzoologen. Schriftleitung: Univ.-Prof. Dr. **Hans Strouhal,** Korrespondierendes Mitglied, Erster Direktor des Naturhistorischen Museums in Wien.

Einteilung des Catalogus Faunae Austriae

Teil I: **Protozoa,** Einzellige Tiere
II: **Porifera,** Schwammtiere
Cnidaria, Nesseltiere
III: **Platyhelminthes,** Plattwürmer
IV: **Aschelminthes,** Schlauchwürmer
Nemertini, Schnurwürmer
V: **Chaetopoda,** Borstenwürmer
VI: **Mollusca,** Weichtiere
Tentaculata, Kranzfühler
VII: **Tardigrada,** Bärtierchen
VIII: **Crustacea,** Krebse
IX: **Arachnoidea,** Spinnentiere
X: **Linguatulida,** Zungenwürmer
XI: **Myriopoda,** Tausendfüßler
XII—XX: **Insecta,** Insekten
XXI: **Vertebrata,** Wirbeltiere

	S	Richtpreise			
		DM	sfr.	$	£
Bisher erschienen:					
Teil IXa: **Scorpionidea, Palpigradi.** Bearbeitet von **Hans Strouhal,** Wien. **Pseudoscorpionidea.** Bearbeitet von **Max Beier,** Wien. 6 Seiten. Gr.-8°. 1952.	7.20	*1.20*	1.20	—.30	-/2/-
Teil XIIIa: **Saltatoria, Dermaptera, Blattodea, Mantodea.** Bearbeitet von **R. Ebner,** Wien. 18 Seiten. Gr.-8°. 1953.	14.40	*2.40*	2.50	—.55	-/4/-
Teil XVIn: **Hymenoptera-Tubulifera: Cleptidae, Chrysididae.** Bearbeitet von **Stephan Zimmermann,** Wien. 10 Seiten. Gr.-8°. 1954.	9.—	*1.50*	1.50	—.35	-/2/6
Teil XIXz: **Siphonaptera.** Bearbeitet von **F. G. A. M. Smit,** Tring, England. 10 Seiten. Gr.-8°. 1955.	7.—	*1.20*	1.20	—.30	-/2/-
Teil XXIc: **Mammalia.** Bearbeitet von **Otto Wettstein-Westersheimb,** Wien. 16 Seiten. Gr.-8°. 1955.	14.—	*2.30*	2.40	—.55	-/4/-

	S	Richtpreise			
		DM	sfr.	$	£
Teil IXb: **Araneae.** Bearbeitet von **Erich Kritscher,** Wien. 56 Seiten. Gr.-8°. 1955.	42.—	7.—	7.20	*1.65*	-/12/-
Teil IXc: **Opiliones.** Bearbeitet von **Erich Kritscher,** Wien. 8 Seiten. Gr.-8°. 1956.	7.70	*1.30*	1.30	*—.30*	-/2/-
Teil IXa: **Scorpionidea, Palpigradi.** 1. Nachtrag. Bearbeitet von **Hans Strouhal,** Wien. **Pseudoscorpionidea.** 1. Nachtrag. Bearbeitet von **Max Beier,** Wien. — Teil IXb: **Araneae.** 1. Nachtrag. Bearbeitet von **Erich Kritscher** und **Hans Strouhal,** Wien. 21 Seiten. Gr.-8°. 1956.	14.—	*2.30*	2.40	*—.55*	-/4/-
Teil IX: **Arachnoidea.** Register I. (Scorpionidea, Palpigradi, Pseudoscorpionidea, Araneae, Opiliones.) Bearbeitet von **Hans Strouhal,** Wien. 23 Seiten. Gr.-8°. 1957.	18.90	*3.20*	3.30	*—.75*	-/5/6
Teil XIIb: **Plecoptera.** Bearbeitet von **Ernst Pomeisl,** Wien. 12 Seiten. Gr.-8°. 1958.	11.20	*1.90*	1.90	*—.45*	-/3/-
Teil IXh: **Acari: Porohalacaridae und Hydrachnellae, Wassermilben.** Bearbeitet von **Kurt O. Viets,** Wilhelmshafen. 20 Seiten. Gr.-8°. 1958.	16.80	*2.80*	2.90	*—.65*	-/5/-
Teil XIIc: **Odonata.** Bearbeitet von **D. St. Quentin,** Wien. 11 Seiten. Gr.-8°. 1959.	9.80	*1.60*	1.60	*—.40*	-/2/6
Teil VIIa: **Mollusca.** Bearbeitet von **Walter Klemm.** 59 Seiten. Gr.-8°. 1960.	44.—	*7.30*	7.50	*1.75*	-/12/6
Teil XXIaa: **Cyclostomata Teleostomi (Pisces).** Bearbeitet von **Paul Kähsbauer,** Wien. 56 Seiten. Gr.-8°. 1961.	60.—	*9.50*	10.20	*2.40*	-/17/-
Teil XXIab: **Amphibia Reptilia.** Bearbeitet von **Josef Eiselt,** Wien. 21 Seiten. Gr.-8°. 1961.	26.—	*4.10*	4.40	*1.05*	-/7/6
Teil VI: **Tardigrada.** Bearbeitet von Dr. **Franz Mihelčič,** Lienz. Register bearbeitet von **Hans Strouhal,** Wien. 11 Seiten. Gr.-8.° 1962.	15.—	*2.40*	2.60	*—.60*	-/4/6

In Vorbereitung:

Teil XVIp: **Formicidae, Ameisen.** Bearbeitet von E. **Hölzel.**
Teil XXIb: **Aves, Vögel.** Bearbeitet von G. **Rokitansky.**

Catalogus Florae Austriae

Ein systematisches Verzeichnis der auf österreichischem Gebiet festgestellten Pflanzenarten. In Einzeldarstellungen herausgegeben von der Österreichischen Akademie der Wissenschaften. Schriftleitung: **Karl Höfler** und **Fritz Knoll,** beide wirkliche Mitglieder der Österreichischen Akademie der Wissenschaften.

	S	Richtpreise			
		DM	sfr.	$	£
I. Teil: Pteridophyten und Anthophyten (Farne und Blütenpflanzen). Von **Erwin Janchen**.					
Heft 1: VIII, 176 Seiten. Gr.-8°. 1956.	73.20	*12.20*	12.50	*2.90*	1/1/-
Heft 2: (Dialypetalae.) 264 Seiten. Gr.-8°. 1957.	116.50	*19.40*	19.90	*4.60*	1/13/-
Heft 3: (Sympetalae.) 270 Seiten. Gr.-8°. 1958.	128.50	*21.40*	21.90	*5.10*	1/16/6
Heft 4: (Monocotyledones, Nachträge, Register.) 289 Seiten. Gr.-8°. 1959.	157.50	*26.30*	26.90	*6.25*	2/5/-
Ergänzungsheft: 128 Seiten. Gr.-8°. 1963.	90.—	*14.30*	15.40	*3.60*	1/5/6

GPSR Compliance

The European Union's (EU) General Product Safety Regulation (GPSR) is a set of rules that requires consumer products to be safe and our obligations to ensure this.

If you have any concerns about our products, you can contact us on

ProductSafety@springernature.com

In case Publisher is established outside the EU, the EU authorized representative is:

Springer Nature Customer Service Center GmbH
Europaplatz 3
69115 Heidelberg, Germany

www.ingramcontent.com/pod-product-compliance
Ingram Content Group UK Ltd.
Pitfield, Milton Keynes, MK11 3LW, UK
UKHW021903240426
12048UKWH00037B/1235